BEI GRIN MACHT SICH IHR WISSEN BEZAHLT

- Wir veröffentlichen Ihre Hausarbeit, Bachelor- und Masterarbeit

- Ihr eigenes eBook und Buch - weltweit in allen wichtigen Shops

- Verdienen Sie an jedem Verkauf

Jetzt bei www.GRIN.com hochladen und kostenlos publizieren

Bibliografische Information der Deutschen Nationalbibliothek:

Die Deutsche Bibliothek verzeichnet diese Publikation in der Deutschen National-
bibliografie; detaillierte bibliografische Daten sind im Internet über http://dnb.d-
nb.de/ abrufbar.

Impressum:

Copyright © 2015 GRIN Verlag, Open Publishing GmbH
Druck und Bindung: Books on Demand GmbH, Norderstedt Germany
ISBN: 9783668260603

Dieses Buch bei GRIN:

http://www.grin.com/de/e-book/336316/teufelskreis-lernstoerungen-und-negative-
lernstruktur-folgen-von-lese

Melanie Telkemeier, Sina Oklmann

„Teufelskreis Lernstörungen" und negative Lernstruktur. Folgen von Lese- und Rechtschreibschwierigkeiten und Legasthenie für Schulkinder

GRIN Verlag

GRIN - Your knowledge has value

Der GRIN Verlag publiziert seit 1998 wissenschaftliche Arbeiten von Studenten, Hochschullehrern und anderen Akademikern als eBook und gedrucktes Buch. Die Verlagswebsite www.grin.com ist die ideale Plattform zur Veröffentlichung von Hausarbeiten, Abschlussarbeiten, wissenschaftlichen Aufsätzen, Dissertationen und Fachbüchern.

Besuchen Sie uns im Internet:

http://www.grin.com/

http://www.facebook.com/grincom

http://www.twitter.com/grin_com

Otto-Friedrich-Universität Bamberg

Fakultät Humanwissenschaft

Institut für Erziehungswissenschaft

Lehrstuhl für Grundschulpädagogik und Grundschuldidaktik

Professur für Didaktik der Grundschule

WS 2015/16: „Schwierigkeiten im Schriftspracherwerb – Lese-und Rechtschreibschwierigkeiten und Legasthenie"

Verfasser: Melanie Telkemeier, Sina Oklmann

Lernskript zum Thema:

„Folgen von Lese- und Rechtschreibschwierigkeiten

und Legasthenie"

Inhalt

1. Negative Lernstruktur und „Teufelskreis Lernstörungen"

a. Die vier Stadien

aa. Defizit beim Lesen und/oder Schreiben wird erkennbar

> Die Lehrkraft muss über Förderungsmöglichkeiten entscheiden und neue Methoden finden, denen die Schüler/innen nicht mit negativen Erfahrungen gegenüberstehen.

ab. Verhaltensstörungen treten auf

> Der Schüler entwickelt lernhemmende Erklärungen für sein Scheitern und wehrt im Zuge einer sozialen Reaktion Hilfe und Förderung der Lehrkraft ab, da diese oft als Druck, Strafe und zu hohe Erwartungen identifiziert werden.

> Erste Kontaktaufnahme und Zusammenarbeit mit Schulpsychologen/ Beratungslehrkraft.

ac. Konzentration- und Arbeitsstörungen, Schulangst nehmen zu

> Leistungsstörungen äußern sich in Lernlücken, Konzentrationsstörungen, Vermeidungsverhalten, Schul- und Versagensangst und Stresssymptomen. Arbeit und Therapie mit Schulpsychologen unabdingbar.

ad. Misserfolgsmotivation stabilisiert sich

> Der betroffene Schüler zeigt Verhaltensauffälligkeiten, soziale Störungen und intrapsychische Konflikte (Stresssymptome, depressive Verstimmung)

Anregung zum Nachdenken:

„Jeder Lehrer sollte in der Lage sein, pädagogische Maßnahmen auf ihre Wirkung beim lerngestörten Schüler zu überdenken und reflektiert systemgerecht anzuwenden." (Betz & Breuninger, 1998, S.101)

Die negative Lernstruktur nach Betz/Breuninger 1998

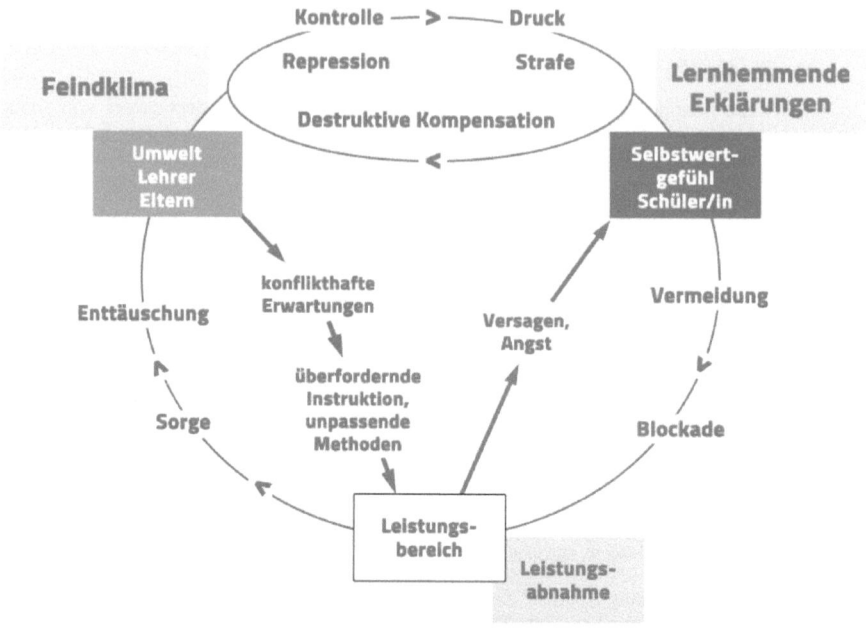

Abbildung 1: http://alphaprof.de/wp-content/uploads/2014/06/Teufelskreis_Lernstoerungen.png (AlphaProf)

b. Pädagogischer Teufelskreis

Bezieht sich in erster Linie auf die Wirkung von Umwelt (U) auf Leistung (L), darin eingeschlossen sind Methodik, Didaktik und Leistungsmessung. Rückwirkend umschließt die Wirkung von Leistung auf Umwelt Bestätigung und Enttäuschung sowohl der Lehrkraft als auch der Eltern bei Versagen des Schülers. Gefühl der Behinderung des Unterrichts und Ärger über Mehraufwand von Lehrkraft.

Beispiel:

„Ein Lehrer geht mit Angeboten auf einen Schüler zu, mit denen dieser nicht anfangen kann. Die Leistungen sind entsprechend schlecht. Da der Lehrer bei anderen Schülern Erfolg hat, sieht er keinen Anlass, an seiner Methodik oder Didaktik zu zweifeln. Er will den Schüler fördern und tut dies daher mit einem erhöhten Angebot von den gleichen Methoden, an denen der Schüler schon gescheitert ist. Selbstverständlich werden die Leistungen dadurch nicht besser, der Teufelskreis ist da und löst bald einen sozialen aus" (Betz & Breuninger, 1998, S.48).

    c. Sozialer Teufelskreis (Bezug zum zweiten Stadium)

Das Verhältnis vom U zu Selbstwertgefühl (S) besteht in der repressiven Wahrnehmung der Umwelt von Seiten des Schülers und einer Kompensation beziehungsweise Verweigerung als Wechselwirkung.

    d. Innerpsychischer Teufelskreis

Im Zusammenhang zwischen S und L verstärken sich Angst und Blockierung gegenseitig, außerdem verhindert das Zusammenspiel von Vermeiden und Versagen die Leistungen. Die Selbstattribuierung bildet einen Teufelskreis im Teufelskreis.

2. Sekundärproblematik Schulangst

Körperliche und emotionale Beschwerden

Unterschiedliche körperliche sowie emotionale Symptome können auf Schulangst hinweisen, lassen sich aber nicht sofort eindeutig zuordnen.

Körperliche Stresssymptome	Emotionale Stresssymptome
• Schlafstörungen • erhöhter Blutdruck • Herzrasen • Appetitlosigkeit • Bettnässen, ständiger Harndrang • Magenbeschwerden • Kopfschmerzen • Schwitzen, "kalter Schweiß", Zittern • Spannungen in der gesamten Skelettmuskulatur • Verdauungsstörungen • Unruhe, "hibbelig"	• überhöhte Ängstlichkeit • schnelle Erschöpfung, ständige Müdigkeit • Denkblockaden, reduzierte Merkfähigkeit • hohe Nervosität • Zurückgezogenheit • starke Stimmungsschwankungen • unkontrollierte Wutausbrüche • Lebensunlust

Abbildung 2: http://alphaprof.de/lesson/symptome-auswirkungen-und-moegliche-ursachen-von-schulangst/ (AlphaProf)

Wie aus der Tabelle entnommen werden kann, äußert sich die Schulangst in physischen und psychischen Beschwerden. Dazu ist anzumerken, dass die genannten Symptome in den Ferien und außerhalb der Schulzeit nicht auftreten, aber auch schon im Zusammenhang mit Hausaufgaben sichtbar werden können.

Außerdem sollte man sich bewusst darüber sein, dass das Kind die Schulangst meist nicht als solche benennen kann, was die Diagnose und Behandlung kompliziert macht. Allerdings kann sich die Schulangst auch durch das Verhalten der Schüler/innen äußern, welches sehr vielschichtig und häufig nicht auffällig ist oder nicht als negativ eingestuft wird.

Die Jungen und Mädchen werden oft als schüchtern oder zurückgezogen erlebt. Entgegen der Erwartungen halten sich Kinder aber auch oft an die Regeln und folgen den Anweisungen Lehrkraft, sie passen sich sehr gut an und fallen so kaum auf. Aber auch das Gegenteil kann auftreten, die Schüler/innen stechen mit einem sehr aggressiven, auffälligen Verhalten hervor, provozieren und wollen die Anerkennung ihrer Mitschüler mit allen Mitteln erlangen.

Ein Fallbeispiel:

> Mit Beginn des Schulbesuches treten psychische Störungen zutage. C.G. entwickelt bald eine Schulangst und leidet, insbesondere vor Klassenarbeiten, an Bauchschmerzen, Übelkeit, Brechreiz und einem passageren Einkoten. Die psychomotorische Unruhe, die im Kindergarten noch kompensierbar war, wird offenkundig. Die Mutter bemüht sich sehr, ihrem Sohn beim Lernen zu helfen, doch dieser versteckt oft die Hausaufgaben und versucht, sich durch erfundene Geschichten aus der Konfliktlage zu bringen. Einerseits reagiert er trotzig und aggressiv gegenüber seinen Eltern, andererseits zeigt er einen regressiven Rückzug in eine übertriebene Anhänglichkeit (Kreuzer, 2011, S.65).

Hier wird zudem ein weiteres Charakteristikum der Schulangst angesprochen, ein verstärktes Bedürfnis nach Nähe und ein starkes Abhängigkeitsgefühl. Beiden Ansprüchen können Lehrkräfte und Mitschüler häufig nicht gerecht werden, was zu Frustration und Selbstentwertung führen kann. Der Schüler scheitert in der Suche nach Anerkennung fühlt sich isoliert und entwickelt ein Feindbild gegenüber den Menschen, die ihn abweisen, nämlich Lehrkraft oder Mitschüler. In Extremfällen kann der Wunsch nach Kontrolle über sich selbst und die Situation so stark werden, dass sich Jugendliche selbst verletzen, um so von ihrer Gefangenschaft in der Spirale der Angst abzulenken und Macht über sich selbst zu haben. Eine Psychotherapie ist spätestens zu diesem Zeitpunkt unausweichlich und dringend nötig.

Ein möglicher Auslöser von Schulangst kann sein, dass sich der Schüler schwer tut den Schriftspracherwerb erfolgreich zu meistern. Das wiederholte Versagen, das sich auch auf andere Schulfächer ausweitet, kann im Zusammenhang mit zu wenig Förderung und Aufmerksamkeit zu Schulangst führen. Diese bringt dann oben genannte Verhaltensauffälligkeiten mit sich und nur eine schulexterne Behandlung bei einem Psychologen kann dem Kind die Möglichkeit geben einen Weg aus diesem Teufelskreis zu finden.

In unserer Gesellschaft wird Leistung allzu oft mit Wertigkeit gleichgesetzt. Das heißt: Je mehr der Mensch leistet, desto mehr ist er wert. Kinder, die sich mit dem Erbringen der geforderten Leistung schwer tun, erleben sich als wertlos. Minderwertigkeitsgefühle können zu einem Grundstein der Schulangst werden (AlphaProf, Kap. 7.4 Symptome, Auswirkungen und mögliche Ursachen von Schulangst).

3. Interaktion zwischen Lese- und Rechtschreibschwierigkeiten und Verhaltensauffälligkeiten

a. Zusammenhang im Vorschulalter

Häufig hängen Legasthenie und Aufmerksamkeitsstörungen eng zusammen, daraus ergeben sich auch erhebliche Diagnoseschwierigkeiten. Beide Störungsbilder treten oft gemeinsam auf, verstärken sich gegebenenfalls auch gegenseitig, bedingen sich aber nicht. Dies wird auch deutlich, wenn man beachtet, dass die meisten Verhaltensauffälligkeiten der Kinder bereits vor Schuleintritt vorliegen (August/ Garfinkel 1990). Nach einer Studie von Velting und Whitehurst 1997 zeigte sich zwar ein klarer kausaler Weg von Hyperaktivität im Vorschulalter zu Hyperaktivität in der ersten Klasse, und von den Vorläuferfertigkeiten des Lesens und Schreibens im Vorschulalter auf die Lesefertigkeiten in der ersten Klasse, aber kein Einfluss von Hyperaktivität auf die Vorläuferfähigkeiten im Vorschulalter. Wenn es darauf ankommt, dass die Kinder still sitzen und sich an die Rahmenbedingungen des Unterrichts halten müssen, lässt sich ein negativer Einfluss des hyperaktiven Verhaltens auf das Lesen feststellen" (Klipcera, Schabmann & Gaststeiger-Klipcera, 2007, S. 195).

b. Entwicklung im Schulalter

„Etwa ein Drittel der Schüler mit Schwierigkeiten im Lesen und Schreiben fällt durch dissoziales und sozial unangepasstes Verhalten auf. Aber auch umgekehrt ist etwa ein Drittel der Kinder mit dissozialem Verhalten von Lese- und Rechtschreibschwierigkeiten betroffen" (Klipcera, Schabmann & Gaststeiger-Klipcera, 2007, S. 195).

Nach Stanton et al. 1990, gibt der IQ des Kindes in der Schuleingangsphase gibt Aufschluss über Verhaltensauffälligkeiten, später sind diese eher Verstärker von Leseschwierigkeiten. Circa Ab Jahrgangsstufe sechs sind die Entwicklung von Lernschwierigkeiten und Verhaltensproblemen weitestgehend unabhängig voneinander. Zu beachten ist, wie in der Wiener Längsschnittstudie von Klipcera et al. 1993b bestätigt, dass schon vorhandene Störungen im Verhalten, beispielsweise Aggression oder Hyperaktivität, durch Überforderung im schulischen Alltag verstärkt werden, da die Kinder das Gefühl haben den Anforderungen nicht gerecht werden zu können. Die Aufmerksamkeitsschwierigkeiten der Kinder führen langfristig dazu, dass sie im Unterricht nicht mit den anderen Schülern mithalten können und trotz gleicher kognitiver Fähigkeiten schlechtere Leistungen erbringen.

7

Fühlen sich die Kinder selbst für ihr Verhalten und Versagen verantwortlich und sehen es als nicht abänderbar, weiten sie nach Williams/McGee 1996 ihre Attribuierung schlecht im Lesen und Schreiben zu sein auch auf andere Schulfächer aus, in denen sie eigentlich mit ihren Mitschülern mithalten können. Weiter stellen McGee et al. 1998 fest, dass auch Lehrer und Klassenkameraden diese negative Attribuierung übernehmen und die Fähigkeiten des lernschwachen Schülers geringer einschätzen, als sie es sind. Dies beeinflusst Selbstbild und Schul- und Leseleistungen bis in die Adoleszenz.

Es konnte bisher in keiner Studie bestätigt werden, dass eine Lese-Rechtschreibschwierigkeit im direkten Zusammenhang mit Depressionen steht. „Kinder mit Lernschwierigkeiten werden von den Mitschülern aber eher als scheu und zurückgezogen bezeichnet, sie suchen oft Hilfe bei ihnen und werden eher zum Opfer von Aggressionen" (Klipcera, Schabmann & Gaststeiger-Klipcera, 2007, S. 197). Nach Boetsch et al. ließen sich mit äußerst sensitiven Skalen auch negative Stimmungen bei lerngestörten Schülern feststellen (1996). Einfluss darauf haben sicherlich auch Reaktionen von Eltern und Lehrkräften.

c. Langfristige Entwicklung in der Adoleszenz

„Die Verbindung zwischen Leseschwierigkeiten und Verhaltensauffälligkeiten in der Adoleszenz, vor allem antisoziales Verhalten, wurde in verschiedenen Untersuchungen nachgewiesen" (Klipcera, Schabmann & Gaststeiger-Klipcera, 2007, S. 198). Jedoch ist zu anzumerken, dass sich die Frage nach Ursache und Folge stellt auch familiäre und soziale Einflüsse spätere Verhaltensauffälligkeiten und Straffälligkeit hervorrufen können. Auch Klipcera et al. 1993b konnten in einer Längsschnittstudie keinen direkten „Zusammenhang zwischen frühen Lese-Rechtschreibschwierigkeiten und Verhaltensschwierigkeiten in der Adoleszenz" nachweisen. Allerdings konnten frühere Verhaltensauffälligkeiten auch das Auftreten späterer prognostizieren.

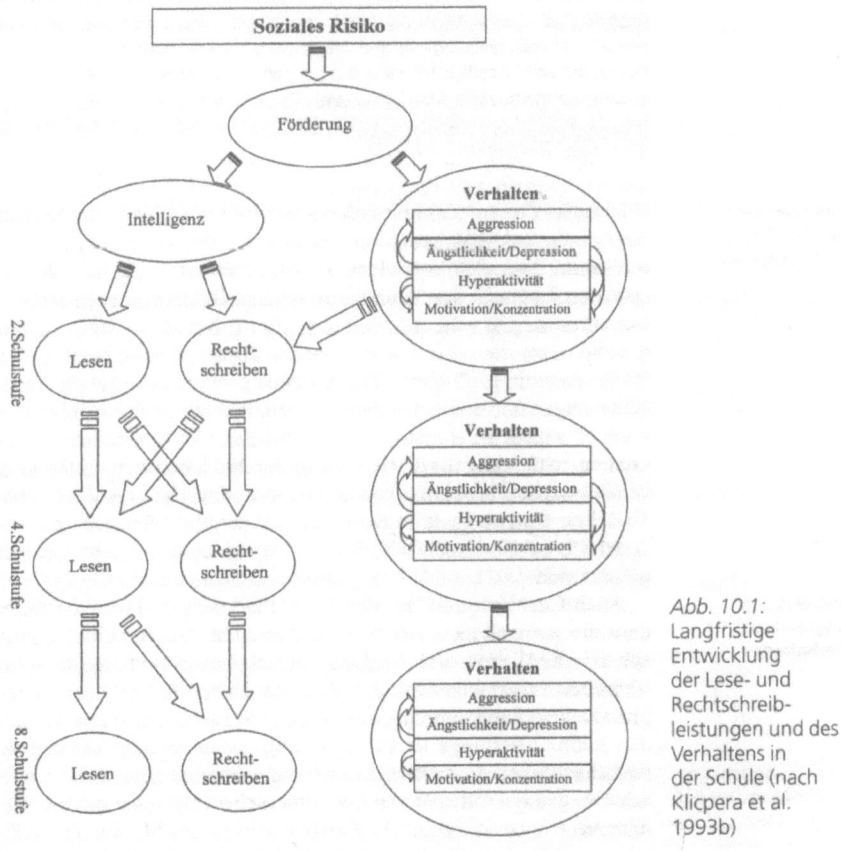

Abb. 10.1:
Langfristige
Entwicklung
der Lese- und
Rechtschreib-
leistungen und des
Verhaltens in
der Schule (nach
Klicpera et al.
1993b)

Abbildung 3: Langfristige Entwicklung der Lese- und Rechtschreibleistungen und des Verhaltens in der Schule (nach Klicpera et al 1993b) (Klicpera, Schabmann & Gasteiger-Klicpera, 2010)

d. Langfristige Folgen im frühen Erwachsenenalter

In verschiedenen klinischen Stichproben, beispielsweise von Klein und Manuzza 1993, wurde ein erhöhter Alkohol- und Drogenkonsum bei bis ins Erwachsenenalter verfolgten Kindern und Jugendlichen mit Lese- und Rechtschreibschwierigkeiten festgestellt. „Auch Spreen (1998) beobachtete eine schlechtere emotionale Anpassung bei Schülern mit Lernschwierigkeiten im frühen Erwachsenenalter" (Klipcera, Schabmann & Gaststeiger-Klipcera, 2007, S. 201).

Die leseschwachen Erwachsenen der Längsschnittstudie von Boetsch et al. 1996 unterschieden sich nur in ihrem Selbstvertrauen gegenüber ihrer akademischen Leistungen von der nicht-leseschwachen Kontrollgruppe. Allen anderen Bereichen, zum Beispiel nichtakademische Bereiche, psychosoziale Belastung, soziale Unterstützung, Zufriedenheit in der Partnerschaft, depressive Symptome und allgemeines Selbstvertrauen, zeigten sich keine Unterschiede zwischen den Gruppen. Williams und McGee 1996 kommen zu ähnlichen Ergebnissen, die fanden keinen Unterschied bezüglich der psychischen Gesundheit der Vergleichsgruppen.

Die persönliche Einschätzung der Lebenssituation unterscheidet sich jedoch deutlich. „Leseschwache Schüler mit 18 Jahren beurteilten ihre Lebensumstände deutlich ungünstiger als die Vergleichsgruppe. Diese umfassten vorzeitigen Abgang von der Schule, fehlenden Schulabschluss, Arbeitslosigkeit, ein kleines Kind haben oder erwarten etc." (Klipcera, Schabmann & Gaststeiger-Klipcera, 2007, S. 202).

Das sogenannte „Nischenmodell" macht es für leseschwache Personen möglich ein erfolgreiches Berufs- und Sozialleben zu führen, indem die Wahl ihrer Arbeit auf Bereiche fällt, in denen der Fokus nicht auf Lesen und Schreiben liegt.

4. Schlussfolgerungen für die Praxis

a. „Positive Lernstruktur"

„Ein Schüler befindet sich in einer positiven Lernstruktur, wenn das für ihn zutreffende Wirkungsgefüge aus inhaltlich positiven Variablen besteht oder er die Wirkungen positiv erlebt" (Betz & Breuninger, 1998, S.46).

Die negativen Variablen der negativen Lernstruktur werden in positive Variablen umgewandelt:

U:	Feindklima	→	Gespräch
S:	Erklärungen	→	Selbstvertrauen
L:	Leistungsabnahme	→	Leistungszunahme
U-S:	Druck, Strafe	→	Zutrauen;
S-U:	Ersatz und Kompensation	→	Vertrauen
L-S:	Versagen, Angst	→	Erfolg
S-L:	Vermeiden, Blockierung	→	Funktionslust, Üben

L-U: Enttäuschung, Sorge, Versagen → Stolz, Bestätigung

U-L: Erwartungen → Methode, Erwartungen

b. Motivation und Interesse fördern und Verstärkung und Lob

Motivation (lat. movere = bewegen) fördern:

Motivation bedeutet sich selbst (intrinsisch = „von innen kommend") oder andere (extrinsisch = „von außen zugeführt" d.h. das Bestreben eine Handlung aufgrund eines Vorteils auszuüben) dazu zu bewegen etwas zu tun und sich oder andere dazu zu ermutigen, sich einer Aufgabe zu stellen.

Autgaben der Lehrkraft sind es Lernmotivation zu wecken, aufrechtzuerhalten und zu steigern, Kinder zum Lernen ermutigen, die Lernbereitschaft der Kinder zu festigen und die eigene Lehrbereitschaft, d.h. Freude am Unterrichten erhalten. Um diese Aufgaben erledigen zu können muss die Lehrkraft die Fähigkeit der Selbstmotivation, sowie Wissen besitzen. Gerade bei Schülern mit Schwächen oder Störungen, wie LRS ist Motivation sehr wichtig. Schüler mit LRS auch bei kleinen Fortschritten loben. Stärken besonders berücksichtigen (Motto: „Stärken stärken schwächt Schwächen"), d.h. an dem anknüpfen, was das Kind schon gut kann; herausfinden, womit sich das Kind gerne beschäftigt; seine eigenen Lernwünsche und Ziele entdecken.

Motivation im Elternhaus und in der Schule:

Im Elternhaus sollten die Eltern ihren Kindern den Sinn des Lernens und der Schule erfahrbar machen (Ein Gespräch über Zukunftsvorstellungen und Wünsche führen). Begleiten bei Hausaufgaben oder Lernen. Wichtig ist auch, dass die Erziehungsberechtigten darauf hingewiesen werden, dass sie ihre Kinder lediglich für den Prozess, nicht für das Ergebnis oder die Intelligenz loben sollen. Außerdem sollten sie gemeinsam einen für das Kind angemessenen Zeitpunkt festsetzen, ab dem die Hausaufgaben erledigt werden, sozusagen eine feste Lern- oder Arbeitszeit, am besten immer dieselbe Uhrzeit. Zudem sollten Hausaufgaben die das Kind (evtl. die Eltern selbst) nicht verstanden hat (haben) der Lehrkraft gegenüber angesprochen werden, da mit Sicherheit auch andere Schüler Fragen zur Hausaufgabe hatten. (Somit hat die Lehrkraft die Möglichkeit, den Stoff der letzten Stunde nochmals zu wiederholen. Die Eltern sollten ihrem leistungsängstlichen Kind mit Einfühlungsvermögen und Empathie begegnen, da Angst weder einfach so verschwindet, noch ignoriert werden kann, und es sich somit ernstgenommen fühlt. Gut gemeinte Sätze, wie „Du schaffst das schon" oder „Ich glaube an dich" können die Angst des Kindes verstärken, weil eine gewisse Erwartungshaltung der Eltern oder Lehrkraft herausgehört werden kann, welcher das Kind möglicherweise nicht gerecht werden kann, und sich somit evtl. unter Druck gesetzt fühlt, weshalb diese vermieden werden sollen. Dem ängstlichen Kind sollte stattdessen begreiflich gemacht werden, dass es vollkommen ausreicht, wenn es sein Bestes gibt, denn Resultate sind nicht das wichtigste und nicht lebensnotwendig.

In der Schule werden in Absprache mit anderen Lehrkräften die Hausaufgaben reduziert, bzw. pro Woche bestimmte Hausaufgaben-Schwerpunkte gesetzt (im Rahmen eines Nachteilsausgleich, da Lernende mit LRS oft deutlich viel mehr Zeit für Hausaufgaben etc. aufwenden und durch außerschulische Förderung häufig noch mit weiteren kleineren Übungseinheiten daheim beschäftigt sind)

„Tipp
Sie erreichen ein Kind am besten, wenn Sie auf seine Fähigkeiten zurückgreifen und diese einsetzen können. Machen Sie sich alle Begabungen, Talente und Fähigkeiten eines Kindes bewusst. Verknüpfen Sie diese Fähigkeiten mit leicht dosierten Anforderungen in Bezug auf Lesen oder Schreiben." (http://alphaprof.de/lesson/motivation-und-interesse-foerdern/ 03.12.2015; 17:26)

Lernprobleme◀━━━▶ Lernmotivation
Lernprobleme > Lernmotivation, analog: Lernprobleme < Lernmotivation
Deshalb sollte, bei geringer Lernmotivation Verstärkerlernen eingesetzt werden.
(kein mechanisches oder technisches Lernen)

<u>Es gibt verschiedene Verstärker:</u>

Anerkennung, Lob, Lächeln, Zuwendung, Belohnungen etc. diese gelten als „positive Verstärker" Lob, Lächeln und Belohnungen sollten bewusst und nicht übertrieben eingesetzt sein, die nach einem gewissen Zeitraum gegeben werden. Ein negativer Verstärker ist hingegen eine Strafe.

Eine Methode um das Verstärkerlernen umzusetzen kann bspw. ein Lernvertrag sein. Denn auch Kinder kennen die Priorität eines Vertrages und wissen, dass er einzuhalten ist. Hausaufgabengutscheine sind auch gute Verstärker, jedoch nur, wenn gewährleistet ist, dass jeder Schüler einmal „hausaufgabenfrei" hat.

Auch das Klassenengagement zu belohnen gilt als ein guter Verstärker, dies geht gut mit Verhaltens-Ampeln.

Wichtig beim Verstärkerlernen ist jedoch, dass die vereinbarte Belohnung zeitnah, d.h. unmittelbar nach gewünschter Leistung gegeben wird, weil sich die Verstärkerwirkung zu diesem Zeitpunkt am stärksten entfaltet. Auf Effektivität des Verstärkers muss ebenfalls geachtet werden. Es sollte die Mühe und der Aufwand die der Schüler dafür auf sich genommen hat um diese Aufgabe(n) zu bewältigen ebenfalls honoriert werden, d.h. der Lernfortschritt sollte mit in die Wertung einbezogen werden und nicht nur das Resultat, das am Ende steht. Sonst gilt die Verstärkung als uneffektiv.

Es kann zur Motivation beitragen, wenn man anstelle das negativ behaftete Wort „lernen" andere Worte, wie „entdecken", „forschen", „herausfinden", „experimentieren" verwendet. Somit bekommt die Aufgabe einen positiveren Reiz und der Schüler beschäftigt sich gerne mit der gestellten Aufgabe, weil er selbst etwas herausfinden oder erforschen kann und es nicht lernen muss.

Einen effektiven Verstärker zu finden ist leichter, wenn die Schülerinnen und Schüler die Ideen dafür selbst erarbeiten.

Verstärker für den familiären Bereich:

Alle Möglichkeiten, die das gemeinsame Erleben betonen gelten hier als Verstärker, wie eine Fahrt in einen Freizeitpark, ein Kinobesuch, Rockkonzert, Wanderung, Vorlese-Gutscheine, Restaurantbesuch, Besuch der Eishalle zum Schlittschuhlaufen, Rodelbahn etc. – Bewusst Zeit mit den Eltern verbringen oder einen Wunsch erfüllen sind schöne immaterielle Verstärker.

Man kann natürlich hin und wieder mal materielle Verstärker zum Einsatz bringen, es sollte jedoch nicht ständig sein, weil sonst eine gewisse „Abstumpfung" passieren kann.

Das Verstärkerlernen ist auch im Lesemotivationsbereich übertragbar. Dabei ist es Ziel, mit den Erfolgen, die durch das Verstärkerlernen auftreten, eine individuelle intrinsische Motivation zu wecken.

Es gibt im Vergleich zum Verstärkerlernen noch einen weiteren lösungsorientierten Ansatz das „15-Schritte-Programm für Eltern, Erzieher und Therapeuten" von Ben Furmann, „Ich schaffs!", indem er den Aufbau von Motivation und eine aktive Problemlösung thematisiert. Dieses Werk gilt als ein systematisiertes Instrument, das in zahlreichen Ländern erfolgreich angewandt wird (meist im kindertherapeutischen Kontext, Horte, Tagesstätten und Schulen). (Informationen hierzu unter: http://www.ichschaffs.de/Ich_schaffs/Programm_auf_einen_Blick.html)

(http://alphaprof.de/lesson/verstaerkung-und-lob/ 4.12.2015; 21:01)

Verschiedene Regulations- und Motivationsstile:

Die **Amotivation** (= Unwille zum Lesen) ist nicht regulierbar. Die **Extrinsische Motivation** wird hingegen in verschiedene Regulationsstile unterschieden. Einmal gibt es die **externale Regulation**, diese ist stark von außen reguliert (Lernender mit Leseschwierigkeiten liest nur, um Sanktionen zu umgehen). Bei der **introjizierende Regulation** (= von außen reguliert), liest der Lernende um Schäden seines Selbstbewusstseins zu umgehen. (bspw. wird ein Text „freiwillig" gelesen, weil er am nächsten Tag in der Schule vorgelesen werden soll. Dies macht der Schüler nur um sich nicht zu blamieren) hier erfolgt das Lesen „freiwillig". **Identifizierende Regulation** (= Lesen hat einen schätzenden Wert) bedeutet, dass die Lesebereitschaft in der Person selbst liegt (autonome Motivation). Eine weitere Regulation bei der extrinsischen Motivation ist die

13

integrierende (bei extrinsisch autonomer Motivation, nähert sich intrinsischer M. sehr an) sie hat den größten Grad an Autonomie, da der Lernende eine Aufgabe erledigt, weil er glaubt später einen Nutzen daraus ziehen zu können. (Bspw. einen Text mit herausfordernder Schwierigkeit zu lesen, um sich im Lesen zu verbessern.) Bei der **Intrinsiche Motivation** unterscheidet man zwischen Gegenstandsspezifische Lesemotivation (Lesestoff ist interessant) und Tätigkeitsspezifische Lesemotivation (Lesen gilt als entspannend und zum Abschalten). Das Resultat hierbei ist, dass intrinsische und extrinsische Lesemotivation miteinander verknüpft sind. Optimal für Motivation und Textverstehen ist nach Philipp und Schilcher: Autonomie (erfolgreiche, selbstständige Durchführung), Leistungsziel (dient einem spezifischem Zweck), Selbstwirksamkeit (hilft eigene Fähigkeiten zu verbessern) soziale Motivation (bei Bedarf mit Unterstützung anderer lösbar). Das wichtigste hierbei ist die Selbstregulation. (http://alphaprof.de/lesson/verstaerkung-und-lob/ 4.12.2015; 21:36)

Interesse fördern

Dem Schüler Lerngegenstände des Unterrichts schmackhaft machen, so dass er diese für interessant empfindet (d. h. ihm hohe Wertschätzung entgegenbringt) und sich dadurch gerne und intensiv damit beschäftigt und sich durch diese Tätigkeit emotional befriedigt fühlt.

Interessenförderung konzentriert sich auf vier Bereiche:

Zum einen die **Förderung der Kompetenzwahrnehmung** – "Wo liegen deine Begabungen, deine Stärken?" Die Lehrkraft sollte den Schülerinnen und Schülern die Möglichkeit geben selbstständig zu arbeiten, die Inhalte klar und strukturiert vermitteln, sowie Rückmeldungen und Bekräftigungen dem Schüler entgegenbringen und soziale Unterstützung (bspw. Durch langfristige Tandempartner) in den Unterricht mit einbeziehen. Der zweite Bereich ist die **Förderung der Autonomie** – "Wie kannst du frei und selbstständig arbeiten?". Durch Mitbestimmung der Schüler, Handlungsspielräume, Aushandeln von Verhaltensregeln, sowie Ankopplung an übergeordnete Ziele (d.h. Lerninhalte mit lebenspraktischen Beispielen/Zielen verknüpfen) wird die Autonomie gefördert, aber auch durch Selbstbewertung seitens der Schüler (in Form von bspw. Lerntagebüchern oder Lernkurven, in denen sie ihre eigenen Lernschritte dokumentieren). Weiter geht es mit der Förderung der **sozialen Einbindung** –"Als Team habt ihr Erfolg!" bzw. "Als Team haben wir, Lehrer und Schüler, Erfolg!" Möglichkeiten hierfür sind Teamarbeiten in Kleingruppen, Tandemarbeit, sowie ein Partnerschaftliches Lehrer-Schüler-Verhältnis (d.h., dass die LK die Lernfortschritte der SuS in gemeinsamen Gesprächen reflektiert) und der letzte Bereich deckt die **Förderung der persönlichen Bedeutsamkeit des Lerngegenstandes** "Das zu lernen bringt dir einen auch für dich verständlichen und wichtigen Nutzen!". Hierfür gibt es sowohl indirekte als auch direkte Methoden:

Indirekte Methoden zur Interessenförderung sind es dem Kind das Ziel des Lernens bedeutungsvoll definieren (plausibler Grund, weshalb das zu Erlernende sinnvoll und/oder wichtig ist), das Selbstinteresse am Stoffgebiet zum Ausdruck bringen (Interesse wirkt ansteckend) und auf emotionale Momente des Lernstoffs Bezug nehmen (wie Kurzfilme/Musik) Unter direkten Methoden versteht man praktische Anwendungsbereiche zu betonen, den Lernstoff mit besonderem Interesse der Kinder zu verbinden und durch abwechslungsreiche Unterrichtsgestaltung(UG) und Neuheiten der UG für Aufmerksamkeit sorgen (z.b. angebotene Lernstrategien und Lernmethoden, Lernmedien und –materialien).

Das Prinzip der Passung bedeutet, dass durch angepasste Leistungsanforderungen Über- oder Unterforderung der Kinder entgegengewirkt wird. Dies geht mit Differenzierung (mit Binnendifferenzierung wie bspw. individuelle Lernhilfen der methodischen Differenzierung und variierenden Schwierigkeitsgraden wird PdP versucht umzusetzen (Bspw. Die Gruppe der Legastheniker an einen Gruppentisch setzen und diese gezielt fördern, während der Rest der Klasse Stillarbeit (Freiarbeit) macht.) Die Schwierigkeit der Aufgaben orientieren sich am Kind, sowie an dessen Motivationsgrad (Je höher die Motivation, desto schwerer darf die Aufgabe sein

Zur Entlastung der Lehrkraft, wenn zu große Diskrepanzen zwischen leistungsstarken Schülern und LRS Schülern sind, kann und sollte eine gute schulinterne Förderung geschehen und/oder lerntherapeutische Unterstützung mit einbezogen werden.

http://alphaprof.de/lesson/motivation-und-interesse-foerdern/ (04.12.2015; 18:27)

c. Zusammenarbeit mit Eltern

„Elternarbeit ist ein wichtiger Bestandteil in der Lerntherapie und legt den Boden für, [sic] anhaltende Erfolge in der Arbeit mit den Kindern" (Betz & Breuninger, 1998, S.101).

Formen der Elternberatung:

- Individuelle Eingangsberatung im Vorfeld einer Lerntherapie
- Begleitende Maßnahme einer Lerntherapie
- Eigenständiges, der Schülerberatung vorangestelltes Behandlungsangebot (Betz & Breuninger, 1998, S.102).

Essentials der Elternberatung:

1. Akzeptanz im Hier und Jetzt – Keine Persönlichkeitsveränderungen erzwingen
2. Entdramatisierung von Misserfolgen – Schlechten Noten keine zu große Bedeutung zuweisen
3. Hilfreiche Begleitung – Selbstständigkeit trotz Hilfestellung
4. Ermutigung – try and error, den Versuch würdigen

15

5. Hilfen dann geben, wenn sie gewünscht werden – Geduld und Vertrauen

6. In der Familie das KIND groß und die schule klein schreiben – Geborgenheit im Vordergrund (Betz & Breuninger, 1998, S.101).

Familien und vor allem Kinder sind häufig einem extremen Leidensdruck ausgesetzt, wenn sie unter Lernschwächen leiden. Eltern suchen deshalb oft professionelle Hilfe bei Schulpsychologen oder externen Therapeuten. Sind die Erziehungsberechtigten in den Prozess der Therapie eingebunden, sind Erfolge in der Lerntherapie häufig erfolgreicher und leichter zu erreichen, allerdings erfordert dies auch eine höhere Flexibilität und Professionalität des Therapeuten. Die Erwartungen von Eltern sind in den ersten Klassenstufen häufig eine Soforthilfe, in der Lernlücken und eine negative Lernstruktur vermieden werden sollen, später liegt der Fokus darauf die Schüler/innen möglichst schnell von ihrem Leidensdruck zu entlasten.

Anregung zum Nachdenken:

„'Es ist zu fragen, wie stark Erwachsene sein müssen, um für ihre Kinder einen Raum freizuhalten, damit diese ihre eigene Persönlichkeitsentwicklung haben können und nicht von Erwartungen und Repressionen deformiert werden. (Dörner & Plog 1978, S. 334)'" (Betz & Breuninger, 1998, S.99).

5. Literaturverzeichnis

AlphaProf. *Kap. 4.5 Emotionale Faktoren.* Verfügbar unter http://alphaprof.de/lesson/emotionale-faktoren/

AlphaProf. *Kap. 7.1 Motivation und Interesse fördern.* Zugriff am 04.12.2015; 18:27h. Verfügbar unter http://alphaprof.de/lesson/motivation-und-interesse-foerdern/

AlphaProf. *Kap. 7.2 Verstärkung und Lob.* Zugriff am 04.12.2015. Verfügbar unter http://alphaprof.de/lesson/verstärkung-und-lob/

AlphaProf. *Kap. 7.4 Symptome, Auswirkungen und mögliche Ursachen von Schulangst.* Verfügbar unter http://alphaprof.de/lesson/symptome-auswirkungen-und-moegliche-ursachen-von-schulangst/

Betz, D. & Breuninger, H. (1998). *Teufelskreis Lernstörungen. Theoretische Grundlegung und Standardprogramm* (Materialien für die psychosoziale Praxis, 5. Aufl.). Weinheim: Beltz Psychologie-Verl.-Union.

Klicpera, C., Gasteiger-Klicpera, B., Klicpera-Schabmann-Gasteiger-Klicpera. & Schabmann, A. (2007b). *Legasthenie. Modelle, Diagnose, Therapie und Förderung ; mit 94 Übungsfragen* (UTB Pädagogik, Psychologie, Bd. 2472, 2., aktualisierte Aufl.). München [u.a.]: Reinhardt.

Klicpera, C., Schabmann, A. & Gasteiger-Klicpera, B. (2010). *Legasthenie - LRS. Modelle, Diagnose, Therapie und Förderung ; mit 100 Übungsfragen* (UTB Pädagogik, Psychologie, Bd. 2472, 3., aktualisierte Aufl.). München: Reinhardt.

Kreuzer, M. (2011 [erschienen] 2012). *Umgang mit der Legasthenie - vier Fallbeschreibungen.*

6. Abbildungsverzeichnis

Abbildung 1: http://alphaprof.de/wp-content/uploads/2014/06/*Teufelskreis_Lernstoerungen*.png

Abbildung 2: http://alphaprof.de/lesson/*symptome-auswirkungen-und-moegliche-ursachen-von-schulangst/*

Abbildung 3: Klicpera, C., Schabmann, A. & Gasteiger-Klicpera, B. (2010). *Legasthenie - LRS. Modelle, Diagnose, Therapie und Förderung ; mit 100 Übungsfragen* (UTB Pädagogik, Psychologie, Bd. 2472, 3., aktualisierte Aufl.). München: Reinhard.

BEI GRIN MACHT SICH IHR WISSEN BEZAHLT

- Wir veröffentlichen Ihre Hausarbeit, Bachelor- und Masterarbeit

- Ihr eigenes eBook und Buch - weltweit in allen wichtigen Shops

- Verdienen Sie an jedem Verkauf

Jetzt bei www.GRIN.com hochladen und kostenlos publizieren

[14] A. B. Cobb, *Biological and Chemical Weapons – The Debate over Modern Warfare*, The

    Rosen Publishing Group, New York, **2000**.

[15] http://www.cci.ethz.ch/vorlesung/de/Chemiegeschichte/Chemiewaffen.pdf

[16] http://www.bbk.bund.de/nn_402296/SharedDocs/Publikationen/Publikationen_20

    Forschung_/Band_2050,templateId=raw,property=publicationFile.pdf/Band%2050.pdf

[17] R. Brückner, *Reaktionsmechanismen*, Spektrum Verlag, München, **2004**.

[18] R. von Falkenstein, *Vom Giftgas zur Atombombe*, Merker Verlag, Baden, **1997**.

[19] http://www.rheinmetall-detec.de/index.php?lang=2&fid=445 Zugriff: 1.1.2008 17:34 Uhr

[20] M. F. Sartori, *Chemical reviews*, **1950**, *48*, S.253.

[21] http://www.bafa.de/ausfuhrkontrolle/de/cwue/index.html Zugriff: 2.1.2008, 13:46 Uhr

[22] Abbildung: http://www.integrationsamt-hessen.de/files/240/Hadamar-Gaskammerreste-
verkleinert.jpg

[23] Abbildung: http://commons.wikimedia.org/wiki/Image:Chemical_weapon1.jpg

[24] Abbildung: http://www.mentalnet.org/wp-content/uploads/2007/09/bombe.jpg

[25] Abbildung: http://homepage.eircom.net/~steven/images/bw-fuchs_18.jpg

Literatur

[1] http://www.pharmtech.tu-bs.de/pharmgesch/Seminar/Ypern%20Grafiken/Ypern.htm

   Zugriff: 24.12.2007, 20:11 Uhr

[2] http://www.frieden-fragen.de/10255.html Zugriff: 25.12.2007, 15:31 Uhr

[3] R. Renz, D. von Schrötter, M. Vöhringer, H. J. Vollmer, *Herausforderung zum Frieden,*
   Struktur der Weltpolitik im 20. Jahrhundert, Schroedel Verlag GmbH, Hannover, **2001**.

[4] M. Derrich, *Geheimwaffen des Dritten Reiches und deren Weiterentwicklung bis heute,*
   König Verlag, Greiz/ Thür, **2000**.

[5] J. Faulenbach, C. Schüller, *Information zur politischen Bildung - Deutscher Widerstand*
   1933-1945, Franzis` print und media GmbH, München, **1994**.

[6] Prof. Dr. G. Brunn, Dr. U. Frevert, *Kursbuch Geschichte,* Cornelsen Verlag, Berlin, **2002**.

[7] www.weltpolitik.net/sachgebiete/internationale%20sicherheitspolitik/problembereiche
   %20und%20l%c3%b6sungsans%c3%a4tze/massenvernichtungswaffen/grundlagen/
   definitionen%20von%20kernwaffen,%20chemischen%20und%20biologischen%20waffen,
   %20raketenwaffen.html Zugriff: 29.12.2007, 20:01 Uhr

[8] www.thw-stolberg.de/download/files/ausbildung/c-wirkung.pdf

[9] http://gsb.download.bva.bund.de/BBK/bd_56_Aufbau_Ablauf_Dekon.pdf   Zugriff: 30.12.2007,
   14:15 Uhr

[10] http://www.gifte.de/B-%20und%20C-Waffen/cs.htm Zugriff: 29.12.2007, 20:33 Uhr

[11] http://biade.itrust.de/biade/lpext.dll?f=templates&fn=main-hit-h.htm&2.0 -> Datenbank
   -> Trichlornitromethan -> Arbeitsmedizin und Erste Hilfe, Zugriff: 30.12.2007, 16:12 Uhr

[12] http://biade.itrust.de/biade/lpext.dll?f=templates&fn=main-hit-h.htm&2.0 -> Datenbank ->
   Cyanwasserstoff -> Arbeitsmedizin und Erste Hilfe, Zugriff: 30.12.2007, 16:59 Uhr

[13] http://www.feuerwehr-halle.de/Feuerwehr-Ausbildung/_Messgerate_GSG/ABC_
   Fuhrungsgruppe/ABC_chemische_Kampfstoffe/abc_chemische_kampfstoffe.html

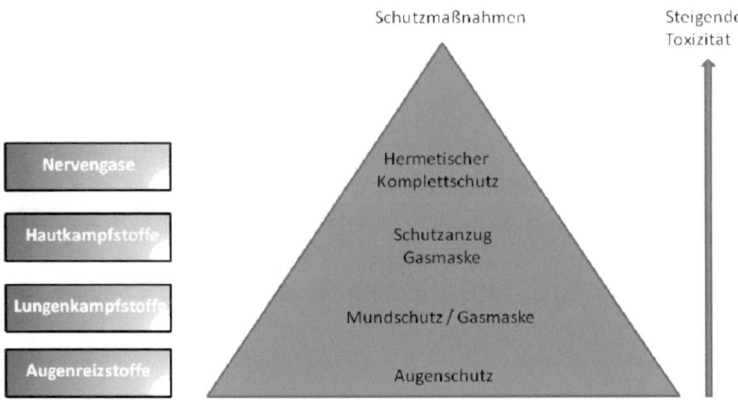

Ausreichende Schutzmaßnahmen für entsprechende chemische Kampfstoffe

Synthese

Die umstrittenen deutschen Wissenschaftler wie Fritz Haber, der als Vater des Gaskrieges gilt, Gerhard Schrader, der Erfinder des Tabun Nervengases, oder Victor Meyer, der das Senfgas entdeckte, haben den Weg für die Entwicklung chemischer Waffen geebnet.[18]

Auf Grund von teilweise sehr einfachen Synthesen ist die Herstellung von chemischen Kampfstoffen schon im frühen 20. Jahrhundert im großen Maßstab möglich gewesen. Als Beispiel soll die Darstellung von Tabun gezeigt werden; hier wird mit einfach erhältlichen Chemikalien das hochgiftige Nervengift hergestellt.[20]

Tabun

Gerade im heutigen Zeitalter muss verhindert werden dass chemische Waffen in die Hände von Terroristen gelangen oder diese sogar in der Lage sind selbst solche herzustellen. Ein wichtiger Schritt in diese Richtung ist das am 13. Januar 1993 beschlossene CWÜ-Abkommen, welches die Entwicklung, die Produktion, die Lagerung und den Gebrauch von chemischen Waffen verbietet.[21]

Erkennung und Entgiftung (Dekontamination)

Auf Grund langjähriger Forschung wurden Gegenmaßnahmen entwickelt, die jedoch bei einem Nervengasangriff innerhalb der 1. Minute zum Einsatz kommen müssen. In der Armee wird ständig ein Autoinjektor mitgeführt, der als Gegengift Atropin enthält, das die Wirkung des im Übermaß vorhandenen Acetylcholins hemmt. Eine nachfolgende Behandlung erfolgt mit verschiedenen Oximen, die das blockierte Enzym Acetylcholinesterase wieder reaktivieren und so den Abbau des Acetylcholins ermöglichen. Bei einer Soman-Vergiftung ist jedoch keine Renaturierung des Enzyms mehr möglich.[18]

Für andere Kampfstoffarten gibt es speziell entwickelte Teststreifen, die üblicherweise aus zwei Farben und einem Indikator bestehen, welche sich bei Kontamination sofort entsprechend verfärben. Zusätzlich entwickelte man empfindliche Nachweisröhrchen die den eingesetzten Kampfstoff durch Farbreaktionen spezifisch nachweisen.[15]

In der heutigen Zeit werden „fahrende Labore" eingesetzt, die mit Hilfe von GC-MS Geräten (Kopplung zwischen Gaschromatographie und Massenspektrometrie) und Computern die Art und Konzentration des Kampfstoffes erfassen und mit Hilfe von aktuellen Wetterdaten die Ausbreitungsgeschwindigkeit bestimmen.[19]

Deut. Fuchs Panzer: fahrendes Labor [25]

Die im zivilen und militärischen ABC-Schutz benutzten Masken bieten einen wirkungsvollen Schutz gegen Vergiftungen der Atemwege. Um eine Gefährdung durch Haut- oder Nervenkampfstoffe auszuschließen, müsste aber ein hermetisch verschlossener Schutzanzug getragen werden, was jedoch für den Soldatenalltag nicht ökonomisch wäre.

Treten auf Grund dieses mangelhaften Schutzes Vergiftungen auf, muss das betroffene Körperteil sehr schnell gereinigt werden, da der Kampfstoff sonst in den Körper eindringt. Dabei ist es nahezu unerheblich, wie die Entgiftung (Dekontamination) stattfindet, ob mit Talkum, Mehl, Kernseife und Wasser, oder speziellen Entgiftungsmitteln wie z.B. Natriumphenolat in alkoholischer Lösung. Heute wird oftmals ein Entgiftungsmittel aus Magnesiumchlorid, Hypochlorit und Talkum benutzt. Um Kampfstoffe zu zersetzen, die bereits über die Haut eingedrungen sind, werden Mittel eingesetzt, die als Creme oder Lotion ebenfalls in die Haut eindringen können, wie z.B. Kalium-2,3-Butadionmonoximat in Polyethylenglycol.[15]

Durch die Aufnahme über die Haut oder die Atemwege wird die Übertragung der Nerven-impulse im Nervensystem verhindert. Sie hemmen das Enzym Acetylcholinesterase und damit

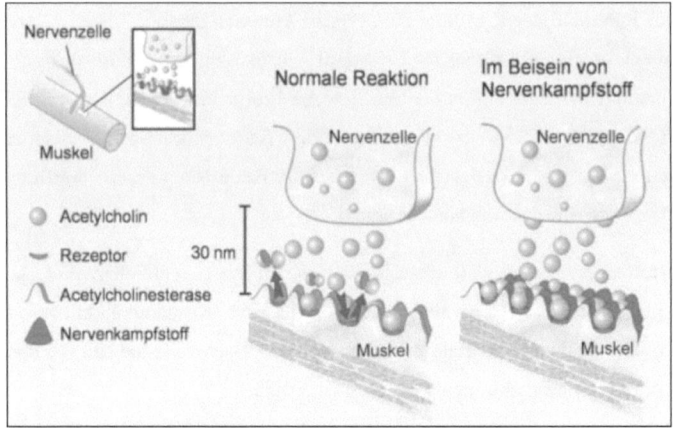

Molekularer Wirkmechanismus von Nervenkampfstoffen[15]

den Abbau des Botenstoffes Acetylcholin. Dadurch wird dessen Wirkung an den Schaltstellen extrem verstärkt und das Nervensystem unterliegt einer Dauerreizung und gerät außer Kontrolle. Die durch diese Nervenkampfstoffe verursachten Muskellähmungen betreffen auch die Atmungsmuskulatur. Zusammen mit der Schädigung des Zentralennervensystems führt dies zum Tod durch Ersticken.[15]

Senfgas (S-Lost), ein Hautkampfstoff, ist eine hochsiedende Flüssigkeit, die im 1. Weltkrieg als Kampfgas eingesetzt wurde. Senfgas hydrolysiert viel rascher zu HCl und einem Diol als sein schwefelfreies Analogon 1,5-Dichlorpentan. Deshalb setzt Senfgas in der Lunge besonders effizient Salzsäure frei und führt so zur qualvollen Tötung.

$$+ 2\,HCl$$

Ursache für die große Hydrolyseempfindlichkeit von Senfgas ist ein **Nachbargruppeneffekt**. Er beruht auf der Verfügbarkeit eines freien Elektronenpaars in einem nichtbindenden Orbital des Schwefelatoms.[17]

starken Einfluss auf die betroffenen Personen. Es kommt zu Angstzuständen, Verwirrtheit und völliger Orientierungslosigkeit. Nach heftiger Kontamination kommt es meist zur Bewusstlosigkeit und anschließendem Tod durch Atemlähmung oder Kreislaufkollaps.[14]

Tabun   Soman   Sarin

Cyclosarin   VX

Wirkungsmechanismus von Nerven-und Hautkampfstoffen

Unter den tödlich wirkenden chemischen Kampfstoffen nehmen die Nervengase die Hauptrolle ein. Aus Angst vor dieser Gefahr wurden die Toxizität und der Wirkungsmechanismus dieser Organophosphate detailliert untersucht, um die Dimensionen eines Angriffs mit Nervengas abschätzen zu können.

In der Tabelle sind letale Dosen verschiedener Nervengase aufgelistet, bei denen 50 % der betroffenen Personen sterben. Die Toxizitätswerte stammen aus hochgerechneten Tierversuchen.[15]

	LCt_{50} Inhalation (mg*min / m^3)	LD_{50} Haut (mg / Person)
Tabun	200	4 000
Sarin	100	1 700
Soman	100	300
VX	50	10
Zum Vergleich S-Lost (Senfgas)	1 500	10 000

Die Organophosphate sind stabil, leicht auszubringen und noch dazu hochgiftig, welches eine enorme Bedrohung darstellt.[16]

Diese Kampfstoffgruppe besteht hauptsächlich aus chlorierten Schwefelverbindungen, wozu S-Lost (Senfgas), Sesqui-Yperit, N-Lost HN1, N-Lost HN3 und Lewisit (Todestau) zählen.

Sie rufen starke Verätzungen und Brandblasen hervor, die DNA wird teilweise stark geschädigt, die Zellteilung wird verlangsamt und somit auch die Bildung der weißen Blut-

körperchen gehemmt. Infektionen und Organschäden sind die Folge, die lebenslange Spuren hinterlassen. Es können ebenso Augenschäden und temporäres Erblinden auftreten, sowie schwere Lungenschäden. Diese Art von Schädigung kann meist durch die Symptome wie blutiges Erbrechen, Atemnot und starkes Brennen der Schleimhäute erkannt werden.[13]

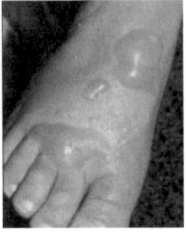

S-Lost Verwundung[15]

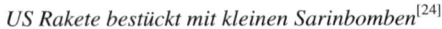

S- Lost (Senfgas)	Sesqui-Yperit

N-Lost HN1   N-Lost HN3   Lewisit

Nervengase (3.Ordnung):

Die wohl schlimmste Form der chemischen Kriegsführung, welche auf Grund der Grausamkeit auch zur Abschreckung dienen soll, wird mit dieser chemischen Stoffgruppe durchgeführt, den Organophosphaten.

Zu diesen kampferprobten Stoffen zählen unter anderen Tabun, Soman, Sarin, Cyclosarin und auch VX.

US Rakete bestückt mit kleinen Sarinbomben[24]

Die Symptome einer Kontamination mit Nervengas sind starker Nasen-, Tränen- und Speichelfluss, Atembeschwerden und Atemnot, starkes Zittern und eine zuckende Muskulatur. Auch psychisch nimmt es einen

Sie wirken als Gase oder Dämpfe auf die Lunge ein und führen langanhaltende Vergiftungen oder den Tod herbei.

Darunter fallen z.B. Chlorgas, Phosgen und Diphosgen, welche zu Hustenreiz und Erbrechen führt, aber auch Schwächegefühl und Lungenödeme hervorrufen kann.[8]

Soldat im 1. Weltkrieg, der sich gegen einen Chlorgasangriff der Deutschen schützt.[23]

Chlorpikrin führt durch seine oxidierende Wirkung zu Verätzungen. Ebenfalls hat seine Aufnahme über die Atmung eine Methylierung von Hämoglobin zur Folge und es kommt zu Gefäßverstopfungen und Organschäden.[11] Auch Blausäureverbindungen, unter anderem das in den Internierungslagern verwendete Zyklon B, können zum Erstickungstod führen. Cyanide sind Inhibitoren der Cytochrom c Oxidase, sie blockieren reversibel die Bindungsstellen für Sauerstoff im aktiven Zentrum, wodurch die Zellatmung zum Erliegen kommt.[12]

Das besonders tückische an diesen Gasen ist die höhere Dichte als Luft, welches ein Ausräuchern der Schützengräben und Bunker ermöglichte.

Cl_2	Chlorpikrin	BrCN	Phosgen	Diphosgen	HCN
Chlorgas	Chlorpikrin	Bromcyan	Phosgen	Diphosgen	Blausäure

Hautkampfstoffe (2.Ordnung) *Gelbkreuz:*

Es ist schwer sich vor diesen Stoffen zu schützen, da eine einfache Gasmaske nicht vor der Kontamination bewahrt. Das Gift schädigte die Haut massiv und dringt über diese indirekt in den Körper ein um dort eine ebenfalls schädigende Wirkung zu erzielen. Diese aggressive Kampfstoffgruppe hinterlässt Langzeitschäden, wenn sie nicht sogar in kürzester Zeit tödlich ist.

Chemische Kampfstoffe und deren Wirkung

> **Chemische Waffen** sind solche, bei denen überwiegend die toxischen, sowie erstickenden, reizerregenden, lähmenden oder die menschliche Psyche verändernden Eigenschaften synthetischer Verbindungen für Zwecke der Kriegsführung genutzt werden.[7]

Die bis heute entwickelten chemischen Kampfstoffe können zur besseren Überschaubarkeit in Klassen eingeteilt werden, welche Aussagen über die chemische Stoffklasse, die Wirkungsweise und den Wirkungsgrad zulassen.

Eine grobe Einteilung findet auf Grund der verschiedenen Anwendungsgebiete statt. Man unterscheidet zwischen **Brandstoffen, Nebelstoffen, pflanzenschädigenden chemischen Stoffen** und den **chemischen Kampfstoffen**, zu welchen auch die Reizstoffe zählen.[8]

Im Folgenden werden jedoch nur die **chemischen Kampfstoffe** und deren Vielfalt, Aufbau und Wirkungsweise genauer betrachtet. Dabei reicht die Spannweite vom harmlosen Tränengas, bis hin zum tödlichen Nervengas, das in wenigen Minuten die betroffene Bevölkerung dahinraffen kann.

Augenreizstoffe (0. Ordnung) *Weißkreuz:*

Diese Reizstoffe greifen die Augen an und können sowohl eine vorrübergehende Schädigung der Augen hervorrufen, als auch zum völligen Erblinden führen.

Zu dieser „schwächsten" Kampfstoffklasse, die schon seit dem 19. Jahrhundert bekannt ist, zählen Bromaceton, Brom-Methyl-Ethylketon, Chlormethyl-Chloroformiat und Chloracetophenon. Sie alle haben eine ätzende Wirkung auf die Schleimhäute, führen zu verstärktem Tränenfluss und haben oftmals eine Entzündung der Atemwege zur Folge.[9]

Der heutige Einsatz von Tränengas für polizeiliche Zwecke findet mit o-Chlorbenzyliden-malodinitril statt, welches eine „ausreichende" Wirkung hat und normalerweise keine Langzeitschäden verursacht.[10]

Bromaceton   Brom-Methyl-Ethylketon   Chlormethyl-Chloroformiat   Chloracetophenon

Geschichtlicher Abriss

Bereits früh setzten Menschen chemische Substanzen ein, um den Gegner zu schwächen, zu verletzen und sogar außer Gefecht zu setzen. Der Beginn der Verwendung chemischer Kampfstoffe kann sehr wahrscheinlich auf den 22. April 1915 angesetzt werden.[1] Damals wurde im 1. Weltkrieg durch deutsche Truppen im größeren Maßstab Chlorgas beim Angriff auf Ypern eingesetzt, welches 5000 Todesopfer forderte.[2]

Nach Ende des 1. Weltkriegs drehte sich die Rüstungsspirale unaufhörlich weiter. International setzte eine intensive Suche nach dem optimalen chemischen Kampfstoff ein. Dabei war nicht nur die Toxizität ausschlaggebend, sondern auch ökonomische Gesichtspunkte wie Verfügbarkeit der erforderlichen Ausgangssubstanzen, geeignete Anlagen für eine Massenproduktion, ein etabliertes Herstellungsverfahren und eine ausreichende Anzahl an Arbeitskräften. Allein in Deutschland wurden unzählige Verbindungen auf ihre mögliche Eignung als Kampfstoff untersucht und das, obwohl es der Vertrag von Versailles verbot.[3]

Der Aufstieg des dritten Reiches ermöglichte ein rasches Voranschreiten der Entwicklung solcher chemischer Waffen in Deutschland. Hitlers Politik richtete sich auf den totalen Krieg aus, was die Forschung massiv voran trieb. Mit dem durch Plünderungen und Unterwerfungen erwirtschafteten Geld wurde die Entwicklung von Kriegswaffen, aber auch die von biologischen und chemischen Waffen gestützt.[4] Fehlende Arbeitskräfte wurden durch die radikale Rassenpolitik ersetzt und mehr oder weniger kostenlos zur Massenherstellung solcher Waffen gezwungen. Die „minderwertigen" Bevölkerungsgruppen wurden jedoch nicht nur als günstige Arbeitskräfte genutzt, sondern dienten selbst auch als Versuchsobjekte. Die Medizin und auch das Verständnis für chemischen Waffen wurden während des Hitler-Regimes revolutioniert.[5] Die Konzentrationslager dienten als „geheime Forschungslabore am Menschen." Hier wurden die verschiedenen Kampfgase wie Nervengifte, Lungengifte, Hautgifte, Reizgifte und psychotoxische Gifte getestet und die verschiedenen Wirkungen am Menschen dokumentiert. Der wohl bekannteste Einsatz von chemischen Kampfstoffen am Menschen,

Gaskammer in Dachau[22]

der gleichzeitig makaber ausgedrückt „zur Entsorgung nicht menschenwürdiger Rassen" diente, wurde in den Gaskammern von Auschwitz, Birkenau und weiteren Vernichtungslagern durchgeführt.[6]

Chemische Kriegsführung

Deutschland im Blickpunkt -

Entwicklung und Wirkung chemischer Kampfstoffe

Essay in „History of chemistry" von Franziska Hofmann,

Universität Basel, 24.12.2007

GRIN - Your knowledge has value

Der GRIN Verlag publiziert seit 1998 wissenschaftliche Arbeiten von Studenten, Hochschullehrern und anderen Akademikern als eBook und gedrucktes Buch. Die Verlagswebsite www.grin.com ist die ideale Plattform zur Veröffentlichung von Hausarbeiten, Abschlussarbeiten, wissenschaftlichen Aufsätzen, Dissertationen und Fachbüchern.

Besuchen Sie uns im Internet:

http://www.grin.com/

http://www.facebook.com/grincom

http://www.twitter.com/grin_com

Franziska Hofmann

Chemische Kriegsführung

**Deutschland im Blickpunkt - Entwicklung und Wirkung chemischer
Kampfstoffe**

GRIN Verlag

Bibliografische Information der Deutschen Nationalbibliothek:

Die Deutsche Bibliothek verzeichnet diese Publikation in der Deutschen National-
bibliografie; detaillierte bibliografische Daten sind im Internet über http://dnb.d-
nb.de/ abrufbar.

Impressum:

Copyright © 2007 GRIN Verlag, Open Publishing GmbH
Druck und Bindung: Books on Demand GmbH, Norderstedt Germany
ISBN: 9783640607730

Dieses Buch bei GRIN:

http://www.grin.com/de/e-book/148907/chemische-kriegsfuehrung

BEI GRIN MACHT SICH IHR WISSEN BEZAHLT

- Wir veröffentlichen Ihre Hausarbeit,
  Bachelor- und Masterarbeit

- Ihr eigenes eBook und Buch -
  weltweit in allen wichtigen Shops

- Verdienen Sie an jedem Verkauf

Jetzt bei www.GRIN.com hochladen
und kostenlos publizieren